BEI GRIN MACHT SICH IHR WISSEN BEZAHLT

- Wir veröffentlichen Ihre Hausarbeit,
  Bachelor- und Masterarbeit

- Ihr eigenes eBook und Buch -
  weltweit in allen wichtigen Shops

- Verdienen Sie an jedem Verkauf

Jetzt bei www.GRIN.com hochladen
und kostenlos publizieren

Sven-David Müller

Carnitin in der Kardiologie

Der Stellenwert von Carnitin bei der Prophylaxe und Therapie von kardio-vaskulären Erkrankungen

GRIN Verlag

Bibliografische Information der Deutschen Nationalbibliothek:

Die Deutsche Bibliothek verzeichnet diese Publikation in der Deutschen Nationalbibliografie; detaillierte bibliografische Daten sind im Internet über http://dnb.d-nb.de/ abrufbar.

Impressum:

Copyright © 2010 GRIN Verlag GmbH
Druck und Bindung: Books on Demand GmbH, Norderstedt Germany
ISBN: 978-3-640-82745-9

Dieses Buch bei GRIN:

http://www.grin.com/de/e-book/158145/carnitin-in-der-kardiologie

L-Carnitin und kardiovaskuläre Erkrankungen aus ernährungswissenschaftlicher und ernährungsmedizinischer Sicht

I Einleitung

1. L-Carnitin

L-Carnitin wurde in Deutschland vor allem durch die Arbeiten von Prof. Dr. Dr. Erich Strack, früherer Leiter des Instituts für physiologische Chemie der Universität Leipzig, und PD Dr. rer. nat. Heinz Löster, Institut für Klinische Chemie und Pathobiochemie der Universität Leipzig, hinsichtlich seiner ernährungsphysiologischen Bedeutung im Zusammenhang mit kardiovaskulären Erkrankungen untersucht. Erstaunlicherweise wird heutzutage diesem Forschungsfeld in Deutschland nicht die Relevanz zugestanden, die angesichts der steigenden Todesfälle durch kardiovaskuläre Erkrankungen angebracht wäre. Der Einsatz als nicht neurohumorales Herzkreislauftherapeutikum erhöht den Anspruch auf Relevanz zusätzlich. Die essentielle Rolle einer L-Carnitin-Behandlung als therapiebegleitende Maßnahme liegt darin begründet, dass kardiovaskuläre Erkrankungen häufig mit einem L-Carnitin-Mangel einhergehen und dadurch die Energiebereitstellung durch die Oxidation von Fettsäuren in den Myokardzellen beeinträchtigt ist, was zu einem Abfall der Myokardaktivität führen kann (1).

1.1 Ernährungswissenschaftliche Grundlagen und Metabolismus des L-Carnitins

Die Bedeutung von L-Carnitin für den menschlichen Organismus war seit der Entdeckung 1905 durch Krimberg und Gulewitsch lange Zeit ungeklärt. Erst mit der Strukturaufklärung 1927 und der Beobachtung der L-und D-Konfiguration 1962, wurde L-Carnitin als die physiologisch wirksame Form identifiziert. Die IUPAC-Bezeichnung für L-Carnitin lautet R(-)-β-Hydroxy-γ-trimethylaminobutyrat. L-Carnitin ist eine nichtproteinogene Aminosäure und wird durch den Organismus aus den proteinogenen und zugleich essentiellen Aminosäuren Lysin und Methionin synthetisiert. Das Schlüsselenzym der L-Carnitin-Synthese ist das Enzym γ-Butyrobetainhydroxylase; weiterhin ist die

Synthese von Ascorbinsäure, Pyridoxal und Eisen abhängig. Die Synthese beginnt immer mit der Methylierung von proteingebundenem Lysin durch die Proteinmethylase III. Die Methylierung von freiem Lysin ist beim Menschen nicht bekannt (1). Proteine mit besonders hohem Trimethylanteil sind Myosine und Histone. Während der Hauptsyntheseort das Cytosol und die Mitochondrien-Matrix der Nieren- und Leberzellen ist, dient die Skelettmuskulatur vorwiegend als Speicher von mit der Nahrung aufgenommenem und endogen synthetisiertem L-Carnitin (2). Das hat den Grund, dass die Muskulatur bei andauernder aerober Belastung die benötigte Energie hauptsächlich durch die Beta-Oxidation freier Fettsäuren generiert, und sie demnach mit einem Anteil von 50 Prozent der fettfreien Körpermasse auch relativ mehr L-Carnitin speichern kann.

Die Resorption des L-Carnitins erfolgt besonders im Duodenum und Jejunum, sie findet wahrscheinlich sowohl sekundäraktiv, natriumabhängig als auch passiv statt (1,3). Aufgrund seiner guten Wasserlöslichkeit ist die Resorption insgesamt so gut, dass 75 Prozent des inkorporierten L-Carnitin in die Dünndarmmucosa aufgenommen werden (3). Die tägliche Aufnahme aus der Nahrung ist mit 2 bis 100 mg beziffert, kann bei einer sehr fleisch-reichen Ernährung aber auch auf 1000 mg ansteigen. Der Bedarf beträgt, bezogen auf das Körpergewicht, bei komplettem Synthesedefekt 1,45 µmol/kg (0,23 mg/kg) pro Tag (1). Das entspricht einem Tagesbedarf von 16,1 mg für einen 70 kg schweren Mann. Der Körperpool enthält circa 15 bis 20 g an freiem L-Carnitin, kurz-, mittel- und langkettigen Estern, wobei die Konzentration im Gewebe ungefähr 100-mal größer ist als im Plasma, wo sie ca. bei 40 bis 60 µmol/L (0,81 mg/dL) liegt (3). L-Carnitin und seine kurzkettigen Ester binden nicht an Plasmaproteine, sondern liegen frei vor. Der endogene Körperpool wird besonders bei katabolen Stoffwechsellagen geleert. Zunächst geht durch die Mobilisierung von Muskelprotein zur Synthese benötigtes, proteingebundenes Lysin verloren. Anschließend kommt es zu einer verstärkten Lipolyse mit folgender Oxidation der aktivierten Fettsäuren in den Mitochondrien, was den L-Carnitin-Turnover beschleunigt. Nach neunzig Tagen sind nur noch 50% der Ausgangsmenge an gespeichertem L-Carnitin im Körper vorhanden (1). Besonders bei Menschen die an systemischen Erkrankungen leiden oder auch bei längerer parenteraler Ernährung kann es zu einem Mangel kommen (1,2). Ein Mangel kann primärer oder sekundärer Natur sein. Primärer Mangel kommt selten vor und ist häufig durch einen defekten Plasma-Membran Carnitin-Tranporter verursacht, was die Aufnahme in die Zelle erschwert oder verhindert. Ein sekundärer Mangel kann durch angeborene Stoffwechselkrankheiten, iatrogene oder pharmazeutische Einflüsse entstehen. Bei Leberzirrhose und chronischer Niereninsuffizienz ist die Biosynthese gestört. Hämodialyse kann einen erhöhten Verlust verursachen. Diabetes mellitus, kardiovaskuläre Erkrankungen und Morbus Alzheimer stehen ebenfalls im Verdacht einen L-Carnitin Mangel durch katabole Stoffwechsellagen zu begünstigen (2). Der Hauptkatabolit ist Trimethylamin-N-oxid, welcher im Urin nachweisbar ist (1). Die renale Clearance beträgt unter normalen Bedingungen 1 bis 3 mL/min, die renale Rückresorption ist mit 98 bis 99 Prozent sehr hoch (3). An einem Tag werden so 23,3 mg L- Carnitin durch die glomeruläre Filtration aus dem Blut entfernt, wovon jedoch nur 0,2 mg in den Endharn gelangen.

1.2 Funktionen

Die Hauptfunktion von L-Carnitin im Intermediär-Stoffwechsel liegt in dem Transport von Fettsäuren durch die innere Mitochondrienmembran. Die äußere Mitochondrienmembran ist für aktivierte Fettsäuren durchlässig und stellt keine Barriere dar (4). Die erschwerte Permeabilität der inneren Mitochondrienmembran steht vermutlich im Zusammenhang mit den dort lokalisierten Atmungskettenkomplexen und dadurch bedingt geringerem lipophilen Charakter. Im Membranzwischenraum findet, katalysiert durch die Carnitin-Palmitoyl-Tranferase I (CPT I), eine Umesterung statt. Coenzym A wird hierbei durch L-Carnitin ersetzt. Der entgegengesetzte Schritt läuft im Matrixraum ab, hier katalysiert durch die Carnitin-Palmitoyl-Transferase II (CPT II). Ein Antiportersystem, die Carnitin-Acyl-Translokase (CAT), katalysiert den eigentlichen Transport durch die innere Mitochondrienmembran (1,4,5). L-Carnitin ist hierbei durchaus befähigt als Cofaktor die Aktivität der CAT positiv zu beeinflussen. Allerdings ist die Aktivität der CAT im Normalfall hoch genug, so dass sie für die Beta-Oxidation nicht limitierend sein kann (1). Die Oxidationsrate der Beta-Oxidation ist unabhängig vom L-Carnitin-Angebot, hier ist der zur Oxidation benötigte Sauerstoff der begrenzende Faktor. Verschiedene neuere Studien konnten zeigen, dass die Fettsäurenoxidation in den Mitochondrien durch zusätzliches L-Carnitin allerdings noch gesteigert werden kann, was möglicherweise eine Funktion der verbesserten Sauerstoffversorgung durch Gefässerweiterung durch L-Carnitin ist (Müller & Seim, 2002; Wutzke & Lorenz, 2004 (in Druck)).

Die Ketonkörpersynthese läuft ebenfalls in der Mitochondrienmatrix ab und benötigt Acetyl-CoA, welches der oxidativen Decarboxylierung von Pyruvat oder der β-Oxidation entstammen kann, als Ausgangssubstrat zur Bildung von Ketonkörpern. Die alternative Beta-Oxidation in den Peroxisomen oxidiert langkettige Fettsäure bis zu mittelkettigen Fettsäuren, welche dann als Acyl-Carnitin-Ester zu den Mitochondrien transportiert werden, wo die endgültige Oxidation stattfindet. Außerdem hat L-Carnitin als Bestandteil biologischer Membranen einen stabilisierende Funktion (2). Zuletzt ist L-Carnitin über den Acyl-CoA/CoA-Quotienten indirekt an der Regulation des Kohlenhydratstoffwechsels beteiligt (1).

2. Herz: Physiologie und mikroskopische Anatomie

Die Herzfunktion ist für die Aufrechterhaltung aller Körperfunktionen lebenswichtig. Sauerstoffreiches Blut aus der Lunge gelangt während der Systole über die Vena pulmonalis in das linke Atrium und während der folgende Diastole in den linken Ventrikel. Durch die anschließende Kontraktion des Myokards wird das sauerstoffreiche Blut über die Aorta in den Körperkreislauf befördert. Venöses Blut gelangt durch die Vena cava superior und Vena cava inferior in das rechten Atrium und wird, nachdem es während der Diastole in den rechten Ventrikel gelangt ist, über die Arteria pulmonalis zurück zur Lunge gepumpt. Durch die Herzfrequenz lässt sich die Anzahl der Systolen, in der Regel pro Minute, messen (6,7). Die Versorgung des Myokards mit Sauerstoff wird durch die Herzkranzgefäße gewährleistet. Die rechte und linke Koronararterie entspringen dabei kurz vor Eintritt der Vena pulmonalis in das linke Atrium. Die linke Koronararterie teilt sich nochmals in zwei Äste auf, von denen einer den dorsalen Teil und einer den ventralen Teil des Myokards versorgt (6,7).

Die Koronarvenen verlaufen oberflächlich und in der Tiefe. Das linksventrikuläre, oberflächliche Venensystem verläuft parallel zu den Arterien in Richtung der Herzbasis und mündet dort in die Vena magna cordis, welche dann in den Sinus coronarius eintritt. Der Sinus coronarius endet im rechten Atrium. Die Koronarvenen der rechten Herzkammer sind kleiner und verlaufen meist in einzelnen Stämmen, die direkt in das rechte Atrium einmünden. Das tiefe Koronarvenensystem ist mit beiden Vorhöfen und Ventrikeln verbunden (7).

2.1 Mikroskopische Anatomie des Myokards

Die Herzmuskulatur ist histologisch von der glatten und quergestreiften Skelettmuskulatur durch ihre mikroskopische Anatomie abgrenzbar. Das Myokard stellt ein funktionelles Synzytium dar, da die einzelnen Myokardfasern durch die Glanzstreifen (Disci-intercalares) verbunden sind. Diese funktionelle Anordnung dient der schnellen Ausbreitung und Übertragung der Erregungsleitung (6). Die einzelnen Myokardzellen zeigen einen zentral gelegenen Zellkern und die hauptsächlich randständig gelegenen Myofibrillen. Diese sind hier weniger zahlreich vorhanden als in der Skelettmuskulatur. Die Myokardzellen enthalten, wie auch ausdaueradaptierte Zellen der Skelettmuskulatur, über 22 Prozent (5) des Zellvolumens an Mitochondrien (hier wären Vergleichszahlen interessant, etwa von nicht ausdaueradaptierten Muskelzellen, Leber, Niere etc). Des Weiteren besitzen sie große Kalziumspeicher, die sarkoplasmatischen Retikuli, und enthalten besonders hohe Konzentrationen an Glykogen, das der Energieversorgung dient.

2.2 Erregungsleitungssystem des Myokards

Der regelmäßige Kontraktionsrhythmus des Myokards wird durch ein autonomes Erregungsleitungssystem gewährleistet. Ein Aktionspotential (AP) dauert dabei 100 bis 300 ms und wird ausgehend vom Sinus-Knoten, dem primären Schrittmacherzentrum, ausgelöst. Dieses befindet sich in der Vorderwandverdickung des rechten Herzohrs. Das AP setzt sich über den Atrioventrikularknoten (AV-Knoten) fort, der bei Ausfall des Sinus-Knoten als sekundärer Schrittmacher dienen kann. Der AV-Knoten ist in Höhe der Atrium-Ventrikel Scheidewand lokalisiert und ragt teilweise in sie hinein (6,7). Ebenfalls in diesem Bereich ist das His-Bündel, welches sich im Septum interventriculare in den rechten und linken Tawara-Schenkel aufteilt. Die Innervation der einzelnen Myokardzellen erfolgt durch die feinen Ausläufer der Tawara-Schenkel unter dem Endokard, die Purkinje-Fasern. Die Ausbreitung des APs über den Sinus- und AV-Knoten erfolgt schneller als über das Kammermyokard. Die Ausbreitungsgeschwindigkeit ist maßgeblich beeinflusst durch die Membranpermeabilität für Natrium, Kalium, Kalzium und Chlorid (7). Das Ausmaß des APs ist dabei abhängig von der Höhe des Ruhemembranpotentials, das hauptsächlich auf der extra- und intrazellulären Verteilung von Natrium- und Kalium-Ionen beruht und etwa −90 mV beträgt. Zellen, die ein hohes Ruhemembranpotential aufweisen, wie zum Beispiel die Zellen der Purkinje-Fasern, erzeugen ein AP mit größerer Amplitude, welches länger andauert, als Zellen mit niedrigem Ruhemembranpotential, zum Beispiel im Bereich des AV-Knotens. Über die Glanzstreifen breitet sich das AP innerhalb kürzester Zeit über das gesamte Myokard aus und bewirkt eine Entleerung der intrazellulären Kalziumspeicher. Die Kalziumkonzentration im Cytosol steigt dadurch von 10^{-7} mmol/L auf 10^{-3} mmol/L an und bewirkt durch Interaktion mit dem Troponin/Tropomyosin-Komplex eine Myosin-Aktin-Kopplung der einzelnen Muskelfibrillen. Der Ablauf des APs wird durch Änderungen des pH-Wertes, Sauerstoffmangel, Vagusreizung, Änderung der Kalium- und Natriumkonzentration, Temperaturänderungen und Adrenalinwirkung beeinflusst (7).

II Hauptteil

3. Kardiovaskuläre Erkrankungen und L-Carnitin

Die Tatsache, dass die Energiebereitstellung in den Myokardzellen hauptsächlich durch die Oxidation von Fettsäuren erfolgt, bietet einen Ansatzpunkt für die Erforschung der funktionellen Bedeutung von L-Carnitin im Zusammenhang mit kardiovaskulären Erkrankungen (1,8). Die andauernde Aktivität des Myokards erfordert eine ständige Energieversorgung, welche vor allem durch ein optimales Sauerstoffangebot gewährleistet wird. Zusätzlich sind auch Faktoren wie die Enzyme der Beta-Oxidation oder die Komplexe der Atmungskette von besonderer Bedeutung. Abgesehen von einigen speziellen genetischen Erkrankungen oder durch Umwelteinflüsse hervorgerufenen Ausfällen stellen sie jedoch in der Regel keinen limitierenden Faktor dar. Verschiedene kardiovaskuläre Erkrankungen sind während der Pathogenese, der akuten Phase oder dem postakutem Stadium mit einem verminderten Sauerstoffangebot an das Myokard verbunden, was die Energiebereitstellung durch die Oxidation von Fettsäuren negativ beeinflusst. Besonders die Koronare Herzkrankheit, Herzinsuffizienz, Kardiomyopathien und Arrhythmien gehen mit einer verminderten ATP-Synthese durch eine gestörte Anlieferung von Fettsäuren in das Mitochondrium einher (8). Gegenstand zahlreicher Studien war es daher, ob sich dieses Defizit durch ein adäquates Angebot an L-Carnitin teilweise oder weitgehend kompensieren lässt (8).

3.1 Koronare Herzkrankheit (KHK)

Die KHK hat per definitionem ihre Ursache in einer Verminderung oder Unterbrechung der Sauerstoffzufuhr an das Myokard (7,9). Die Bedarfsdeckung an Sauerstoff ist nicht mehr gewährleistet und dadurch kann es zu einer Nekrose einzelner Myokardareale kommen. Zusätzlich wird zwischen ischämischer und koronarer Herzkrankheit unterschieden. Erstere fasst alle Zustände zusammen, bei denen es zu einer negativen Sauerstoffbilanz des Myokards kommt, während letztere speziell die Fälle erfasst, in denen eine negative Sauerstoffbilanz durch pathologische Veränderungen des Koronargefäßsystems verursacht wird (7). Auch ein erhöhtes Sauerstoffangebot durch gesteigerte Arbeit des Herzens oder verstärktes Angebot an Katecholaminen und Herzmuskelhypertrophie sowie Medikamente können zu dem Krankheitsbild KHK führen. Klinisch manifestiert sich die KHK anfangs in einer Angina pectoris, die im weiteren Verlauf instabil wird und letztendlich im fortgeschrittenen Zustand zum Myokardinfarkt führt. Die KHK ist jenseits des 40. Lebensjahres die häufigste Herzerkrankung, wobei Männer häufiger betroffen sind als Frauen (7). Nach Angaben des Statistischen Bundesamtes in Wiesbaden ist fast jeder fünfte Todesfall bei kardiovaskulären Erkrankungen durch einen Myokardinfarkt bedingt. Damit stellt die KHK eine Erkrankung dar, die in ihrer Häufigkeit schon durch die Berücksichtigung von Risikofaktoren im zweiten und dritten Lebensjahrzehnt reduziert werden könnte.

3.1.1 Potentielle Wirkung von L-Carnitin bei KHK

Nach L-Carnitin-Behandlung konnte in einer Studie bei Patienten mit ischämischer Herzkrankheit eine günstige Wirkung auf die Myokardfunktion, verbesserte Stoffwechselaktivität und ebenfalls eine verbesserte Belastungstoleranz bei denjenigen Patienten, die auch unter Angina pectoris litten, festgestellt werden (9). Erwähnenswert ist hier, dass 2 von 12 Patienten mit belastungsabhängiger Angina pectoris, die laut einer Studie 4 oder 12 Wochen mit 900 mg L-Carnitin per os supplementiert wurden, während einer Fahrradergometerbelastung frei von Symptomen waren (10). Die prophylaktische Anwendung von L-Carnitin wurde durch eine Studie an insgesamt 68 Patienten mit myokardialer Ischämie untersucht. Die Patienten wurden in eine supplementierte Gruppe und eine Kontrollgruppe eingeteilt. Während einer Bypass-Operation wurden Biopsien des rechten Herzohrs entnommen und anschließend auf bestimmte biochemische Parameter hin untersucht. Die ATP-Konzentration und somit der Energieladezustand war bei den supplementierten Patienten höher als bei der Kontrollgruppe. Zudem war bei ersteren auch die Konzentration an freiem L-Carnitin erhöht und die von langkettigen Acyl-Carnitinen erniedrigt, was darauf hindeutet, dass keine Stauung von langkettigen Acyl-Carnitinen an der inneren Mitochondrienmembran stattgefunden hat. Des Weiteren konnte die Applikation von positiv inotropen Medikamenten bei der L-Carnitin-Gruppe verringert werden (11). Diese Ergebnisse wurden als Indices dafür bewertet, dass sich die L-Carnitin-Supplementation bei Patienten, die sich einer Bypass-Operation unterziehen, für die Normalisierung der myokardialen Energiestoffwechselparameter zweckdienlich erweist. Patienten mit koronarer Herzkrankheit zeigten nach Koronarsinuspacing und L-Carnitin-Gabe eine Steigerung des Anteils der freien Fettsäuren an der Energiebereitstellung. Auch aktuellere Studien weisen auf einen Zusammenhang zwischen L-Carnitin und seiner schützenden Wirkung für Metabolismus und Funktion des Myokards bei ischämischer Herzkrankheit hin. Es wird allerdings betont, dass es weiterer Studien bedarf, um eine generelle Empfehlung bei ischämischer Herzkrankheit oder vor Bypass-Operationen auszusprechen (12).

3.2 Kardiomyopathien

Die Kardiomyopathien schließen alle Erkrankungen des Myokards ein, die nicht durch Koronarsklerose, Erkrankungen des Perikards, arterielle oder pulmonale

Hypertonie und angeborene oder erworbene Herzfehler bedingt sind. Es wird zwischen der primären, idiopathischen und der sekundären Kardiomyopathie unterschieden. Die Ursachen der primären Ausprägung sind weitgehend unbekannt. Morphologisch ist immer eine Herzhypertrophie festzustellen bei nicht zwanghafter paralleler Dilatation. Die sekundäre Form tritt meist als Begleiterscheinung einer generalisierten Grundkrankheit auf, die entzündlicher, infektiöser, nutritiv-toxischer, metabolischer oder neuro- beziehungweise myopathischer Natur sein kann (6,13). Während des Krankheitsverlaufes kann es durch obstruktive Hypertrophie des Myokards zu anschließender Herzinsuffizienz kommen, die nicht selten bei Überlastung zum plötzlichen Herztod führt (7,14).

3.2.1 Potentielle Wirkung von L-Carnitin bei Kardiomyopathien

Die meisten Formen der Kardiomypathien gehen bei Erwachsenen häufig mit erhöhten Serum L Carnitin Spiegeln einher. Es gibt jedoch auch Erkenntnisse darüber, dass in Verbindung mit Kardiomyopathien erniedrigte Konzentrationen des L-Carnitin im Serum, Muskel und Myokard auftreten können. Beides ist durch L-Carnitin-Supplemention beeinflussbar (15). Eine Studie ergab bei dauerhafter Therapie von 76 Kindern mit L-Carnitin, die an verschiedenen Typen der Kardiomyopathie erkrankt waren, eine niedrigere Mortalität als bei der 145 Probanden starken Kontrollgruppe. 40 Prozent der Probanden wurden zudem klassisch mit ACE-Hemmern behandelt, trotzdem war ihre Überlebensrate im Vergleich signifikant niedriger (16). In einer weiteren prospektiven Studie mit 80 erwachsenen Patienten wurde über einen bestimmten Zeitraum täglich 2 g L-Carnitin appliziert, während die Kontrollgruppe ein Placebopräparat erhielt. Die L-Carnitin-Gruppe zeigte im Vergleich auch hier eine höhere Überlebensrate (17). Wie bei ischämischen Herzerkrankungen kommt es auch bei den Kardiomyopathien zu einem Anstieg der Konzentration an langkettigen Fettsäuren, Acylcarnitinen, Acyl-CoA-Estern und Laktat. Damit ist eine Erhöhung des Acyl-CoA/CoA- und Acylcarnitin/Carnitin-Verhältnisses verbunden (18), was sich negativ auf die Herzaktivität auswirken kann.

3.3 Herzrhythmusstörungen

Herzrhythmusstörungen sind definiert als eine Änderung der Schlagfolge des Herzens. Bemerkbar machen sie sich oftmals durch Extrasystolen, die vor allem in Stresssituationen auftreten. Die Ursachen für Herzrhythmusstörungen können in Änderungen des extrazellulären Milieus, Überdehnung der Myokardfasern in Vorhof und Ventrikeln, Sauerstoff- und Substratmangel sowie erhöhter Vagusaktivität liegen. Funktionell werden die Ursachen in Erregungsbildunsstörungen und Erregungsleitungsstörungen oder eine Kombination von beiden eingeteilt (7,14). Klinisch bemerkbar macht sich eine Herzrhythmusstörung durch Herzrasen (Tachykardie) und Herzstolpern (Extrasystolen). Es kann bei entsprechend kombinierter Grundkrankheit zu zerebralen Durchblutungsstörungen, Koronarinsuffizienz mit Angina pectoris und Herzinfarkt sowie zu Herzinsuffizienz und Schock kommen (6).

3.3.1 Potentielle Wirkung von L-Carnitin bei Herzrhythmusstörungen

Die Anhäufung von langkettigen Acylcarnitinen und Lysolecithin in der Nähe vom oder im Sarkolemm der Myokardzellen von ischämischen Herzen führt zu elektrophysiologischen Veränderungen der Membran (1). In der Folge kann dies Herzrhythmusstörungen bewirken. Eine sowohl retrospektiv als auch prospektiv durchgeführte Studie mit 200 Patienten, die an durch Angina-pectoris bedingten Arrhythmien litten, wurde sechs Monate lang durchgeführt. Die eine Hälfte der Probanden erhielten 2 g L-Carnitin täglich, während die andere Hälfte Placebo erhielt. Als Ergebnis der Supplementation wurden weniger ventrikuläre Extrasystolen in Ruhe und erhöhte Toleranz während körperlicher Aktivität auf dem Fahrradergometer festgehalten (18). In einer ähnlichen, doppel-blinden Studie erhielten 12 Patienten drei Tage nach einem Myokardinfarkt vier Tage lang entweder über den Tag verteilt jeweils 5 g L-Carnitin oder 2 bis 3 g innerhalb von zwei Stunden. 8 Patienten erhielten Placebo. An den Tagen 1,2 und 7 nach dem Myokardinfarkt wurde mittels Langzeit-EKG die Herzfrequenz überprüft und es zeigte sich eine deutlich geringere Anzahl von ventrikulären Extrasystolen bei der L-Carnitin supplementierten Gruppe (19). In einer Vergleichsstudie zwischen der Wirkung von L-Carnitin und Propafenon, einem klassischen Antiarrhythmikum, wurde bei 30 Patienten jeweils in drei verschiedenen Gruppen eine Woche lang entweder L-Carnitin oder Propafenon getestet und eine Woche lang die Kombination beider Präparate. Die Langzeit-

EKG-Messung zeigte, dass das beste Ergebnis, d.h. eine Arrhythmiedepression, bei Kombination der Präparate erzielt wurde (20). Mondillo et al. führten 1995 eine ähnliche Studie unter Einbeziehung von Mexiletin, einem Antiarrhythmikum vom Lidocain-Typ. 50 Patienten erhielten jeweils zwei Wochen lang 2 bis 3 g L-Carnitin, Propafenon, Mexiletin und eines der beiden Antiarrhythmika in Kombination mit L-Carnitin. Durch ein 24-Stunden EKG erwies sich auch hier die Kombination von L-Carnitin und einem der beiden Antiarrhythmika am effektivsten. L-Carnitin alleine vermochte auch in dieser Studie einen Rückgang der ventrikulären Extrasystolen zu bewirken (21).

3.4 Herzinsuffizienz

Eine Herzinsuffizienz liegt vor, wenn eine oder beide Herzkammern durch ihre Pumpaktivität nicht mehr eine adäquate Organversorgung gewährleisten können (7). Es liegt ein gestörtes Verhältnis zwischen Herzminutenvolumen und Fördermenge zu Grunde. Die Herzinsuffizienz zählt zu den häufigsten kardiovaskulären Erkrankungen und circa 2 Millionen Menschen sind allein in Deutschland davon betroffen (7). Weltweit leiden etwa 15 Millionen Menschen an Herzinsuffizienz. Im Allgemeinen unterscheidet man zwischen akuter und chronischer Herzinsuffizienz. Erstere tritt im Bereich des linken Herzens häufig als Folge eines akuten Myokardinfarkts, einer Papillarmuskelruptur oder diastolischen Füllungsbehinderungen bei Herztamponaden auf (6). Im Bereich des rechten Herzens können Lungenembolien oder Herzrythmusstörungen Ursache eines akuten Herzversagens sein. Die chronische Herzinsuffizienz entwickelt sich häufig aufgrund schon länger bestehender Herz- und Gefäßerkrankungen und kann in verschiedenen Subformen auftreten (Tab. 1) (7).

Latente Herzinsuffizienz	Tritt nur bei Belastung und Provokation auf
Manifeste Herzinsuffizienz	Tritt in Ruhe auf
Vorwärtsinsuffizienz	Aufgrund eines ungenügenden Herzminuten-volumens kommt es zu einer Mangelperfusion in der Peripherie
Rückwärtsinsuffizienz	Häufigste Form: Aufgrund venöser Stauung und erhöhtem Venendruck kommt es zu Entleerungs-behinderung des insuffizienten Ventrikels
Linksherzinsuffizienz	Insuffizienz des linken Ventrikels führt zum Anstieg des Pulmonalvenendrucks bis hin zum Lungenödem

Rechtsherzinsuffizienz	Insuffizienz des rechten Ventrikels führt zur Erhöhung des Venendrucks im Körperkreislauf mit Ödemen, Aszites, Hepatomegalie
Stauungsinsuffizienz	Kongestive Herzkrankheit; Linksherzbelastung führt zu Rechtsherzinsuffizienz bei reduziertem Herzminutenvolumen und verkürzten Kreislaufzeiten

Tab. 1: Subformen der chronischen Herzinsuffizienz

3.4.1 Potentielle Wirkung von L-Carnitin bei Herzinsuffizienz

Mancini et al. führten bei 60 Patienten Untersuchungen durch, nachdem diese für 6 Monate 3 mal 500 mg Proprionyl-Carnitin pro Tag appliziert bekamen. Proprionyl-Carnitin ist ein Derivat des L-Carnitins und soll eine bessere Membrangängigkeit aufweisen (12). Bei den Patienten, die alle eine moderate Herzinsuffizienz aufwiesen, war hinterher sowohl eine verbesserte maximale Belastungsdauer als auch eine erhöhtes Schlagvolumen festzustellen (22). Pucciarelli et al. führten ebenfalls Studien mit Proprionyl-Carnitin durch, mit dem Ergebnis, dass zunächst auch die maximale Belastungsdauer und das Schlagvolumen verbessert wurde und zudem noch eine Abnahme des peripheren Gefäß- und Pulmonalarterienwiderstands sowie eine erhöhte maximale Sauerstoffaufnahme festgestellt werden konnte (23).

Erkenntnisse über die Wirkung von L-Carnitin wurden von Fernandez et al. an 59 anginösen Patienten mit gleichzeitiger Herzinsuffizienz gewonnen. Diese nahmen über einen Zeitraum von 12 Monaten täglich eine Dosis von 2 g L-Carnitin zu sich. Das Resultat dieser Studie war, dass die Patienten seltener von angiopectösen Anfällen heimgesucht wurden und die therapeutischen Gaben von organischen Nitratverbindungen zur Gefäßrelaxation reduziert werden konnten. Außerdem erreichten die Patienten verbesserte Ergebnisse bei einem Belastungstest mit dem Fahrradergometer (24). Löster et al. publizierten 1999 eine Arbeit über die Anwendung von L-Carnitin bei 41 Patienten mit moderater Herzinsuffizienz. Die Patienten nahmen über vier Monate hinweg täglich 3 g L-Carnitin zu sich. Die Studie bestätigte die bereits in vorherigen Arbeiten gesammelten Erkenntnisse, da auch hier eine Steigerung der maximalen

Belastungszeit beschrieben wird. Eine Untersuchung der Patienten, die zu einer bestimmten Zeit nach Beendigung der Studie durchgeführt wurde, zeigte die nachhaltige Wirkung der L-Carnitin Behandlung (25). Bislang werden für die Therapie der Herzinsuffizienz neurohumorale Arzneimittel eingesetzt, die sich jedoch nicht zur Behandlung von Kurzatmigkeit und Müdigkeit bei herzinsuffizienten Patienten eignen, obwohl sie den Energiestoffwechsel des Myokards negativ beeinflussen können. Auch in dieser Hinsicht bietet L-Carnitin den Ansatz für ein Therapeutikum im Rahmen einer neuen Behandlungsstrategie (26).

3.5 Herzerkrankungen bei Hämodialyse und Diabetes mellitus

Kardiovaskuläre Erkrankungen sind die häufigsten Folgeerscheinungen bei Diabetikern, gerade bei diabetischen Frauen. Die Koronare Herzkrankheit nimmt mit großem Abstand den ersten Platz ein. Fortschreitende Artherosklerose und Bluthochdruck sind die größten Risikofaktoren für die Genese der KHK und erhöhen somit das Risiko für einen Herzinfarkt beträchtlich. Insbesondere Typ-2 Diabetiker mit metabolischem Syndrom sind im Vergleich zu Typ-1 Diabetikern stärker gefährdet. Die Entstehung von Artherosklerose wird vor allem durch den hohen Blutzuckerspiegel bedingte, nicht enzymatische Glykosylierungsreaktionen von Plasmaproteinen beschleunigt (27). Die Reaktionsprodukte, Advanced Glycosylated Endproducts (AGE), bilden quervernetzte Matrices und fördern so die Entstehung von artherosklerotischen Plaques. Veränderungen des Glukose-Metabolismus im diabetischen Myokard können zudem dessen Aktivität im Falle einer Ischämie einschränken, während der die ATP-Synthese weitestgehend auf die Oxidation von Glukose umgestellt wird (7). Patienten, die sich aufgrund einer Nierenerkrankungen einer Hämodialyse unterziehen, entwickeln häufig eine Herzinsuffizienz. Schreiber berichtet darüber, dass von den Patienten, die eine Hämodialyse beginnen, jährlich etwa 36 Prozent bereits Symptome einer Herzinsuffizienz aufweisen und weitere 7 Prozent während der Zeit ab Beginn der Hämodialyse die Symptome entwickeln (28). Bei Dialysepatienten wurden zudem erhöhte Plasmawerte von Malondialdehyd gemessen, was auf eine Zunahme der Lipidperoxidation durch oxidativen Stress hindeutet. Malondialdehyd stellt unabhängig davon bei Patienten mit Nierenerkrankungen im Endstadium ein Risikofaktor für kardiovaskuläre Erkrankungen dar (28).

3.5.1 Potentielle Wirkung von L-Carnitin bei Diabetes mellitus

Der Fettsäuretransport in die Mitochondrien ist bei Diabetes mellitus erhöht, da die Aufnahme von Glukose in die Zelle durch eine Insulinrezeptorresistenz nicht möglich ist. Die Energiebereitstellung erfolgt daher bei schlecht eingestellten Diabetikern vornehmlich durch die Oxidation freier Fettsäuren und den Abbau von Ketonkörpern. Die Konzentration von Acyl-Carnitinen im Plasma ist erhöht, während freies L-Carnitin erniedrigt ist (29). Ebenfalls steigt bei Diabetikern oftmals der Fettsäurespiegel im Plasma an. Die Studie von Tamamogullari und Mitarbeitern über die Beziehung zwischen L-Carnitin Mangel und Komplikationen, die aus einem Diabetes mellitus resultieren können, führt zu dem Ergebnis eines zu niedrigen Plasmaspiegels an gesamtem und freiem L-Carnitin. Das war insbesondere bei den Patienten der Fall, die zuvor eine Retinopathie, Hyperlipidämie oder Neuropathie entwickelt hatten. Die Konzentrationen der L-Carnitin-Ester im Plasma wiesen bei diesen Patienten keine Unterschiede auf (30). Derosa et al. berichten von einem Plasmalipoprotein (a) (Lp(a))-senkenden Effekt einer L-Carnitin Supplementation bei Diabetes mellitus Typ-2-Patienten mit Hypercholesterinämie. Infolge drei- und sechsmontatiger Behandlung mit L-Carnitin sank der Lp(a)-Spiegel signifikant im Vergleich zu einem Placebo (31). Die Cholesterin senkende Wirkung des L-Carnitins muss unter Berücksichtigung der Veränderung des LDL/HDL-Verhältnisses bewertet werden. Der Einfluß von Acetyl-Carnitin auf den Glukosemetabolismus fand bei Giancaterini et al. nähere Betrachtung. Sie überprüften die Wirkung verschiedener, infundierter Dosen Acetyl-Carnitin an 18 Typ-2-Diabetikern durch Messung der Oxidationsrate bei bekannter applizierter Glukosemenge mittels indirekter Kaloriemetrie im Vergleich zu einem Placebo. Die Glukoseaufnahme in das Gewebe verbesserte sich bei Acetyl-Carnitin Behandlung um 36 Prozent, erreichte aber einen dosisabhängigen Grenzwert (32). Eine Auffälligkeit im Acyl-Carnitin Verteilungmuster im Urin kann nach Moder et al. Indikator für verschiedene Erkrankungen sein. Diabetes mellitus Patienten scheiden demnach vermehrt langkettige Acyl-Carnitin-Ester aus (33).

Die Anhäufung langkettiger Acyl-Carnitine-Ester am Sarkolemm kann Ursache für die Entstehung von Herzrythmusstörungen durch elektrophysiologische

Veränderungen an der Membran sein (siehe 3.3.1). Zu dem könnte bei Acetyl-Carnitin-Gabe die verbesserte Glukoseaufnahme ins Gewebe zu einem Rückgang von AGEs beitragen sowie durch ein Absinken des Fettsäurespiegels die Lipidperoxidation einschränken, so dass die Entstehung und Entwicklung von artherosklerotischen Gefäßveränderungen vermindert würde. Eine weitere Auswirkung erhöhter Konzentrationen langkettiger Fettsäuren ist die damit verbundene Steigerung des Acyl-CoA/CoA-Verhältnisses in der Mitochondrien-Matrix. Dies kann Einfluss auf die oxidative Decarboxylierung des Glukosestoffwechsels, den Citrat-Zyklus und die β-Oxidation haben, da nicht ausreichend CoA zur Verfügung steht. Außerdem nimmt die Aktivität der Carnitin-Acyl-Translokase in der inneren Mitochondrienmembran durch diese Steigerung ab (1). Die Entstehung eines Circulus vitiosus ist letztendlich durch die bei Diabetikern erhöhte Aktivität der Lipoproteinlipase begründet, welche für einen ständigen Nachschub an freien Fettsäuren sorgt, die aber aufgrund der beschriebenen Sachverhalte nicht in die Mitochondrien-Matrix gelangen können. Vor allem auf den Energiestoffwechsel der Myokardzellen von Diabetikern können diese Vorgänge negativen Einfluss nehmen, wenn gleichzeitig noch ein L-Carnitin-Mangel vorliegt (15). Eine weitere wichtige Funktion von L-Carnitin ist daher, das Acyl-CoA/CoA-Verhältnis zu senken, indem zunächst Acyl-Carnitin aus Acyl-CoA zurückbildet wird und anschließend bei ausreichend gesunkenem Acyl-CoA/CoA-Verhältnis eine Übertragung des Acyl-Restes auf ein Molekül Coenzym A stattfindet und es anschließend den Enzymen der β-Oxidation zugänglich ist. Weitere Erkenntnisse über die therapeutische Wirkung von L-Carnitin bei Menschen, die an Diabetes mellitus leiden, sind erforderlich, um eine genauere Bewertung des L-Carnitins in diesem Zusammenhang vornehmen zu können.

3.5.2 Potentielle Wirkung von L-Carnitin bei Hämodialyse

Patienten, die an einer chronischen Niereninsuffizienz leiden und sich daher regelmäßig einer Hämodalyse unterziehen müssen, entwickeln in der Regel während des weiteren Krankheitsverlaufes zusätzliche chronische Krankheitssymptome (34). Außerdem stellt L-Carnitin hier einen Mangelfaktor dar, denn die tubuläre Rückresorption des L-Carnitin ist nicht mehr gewährleistet. In einer Studie mit 15 Dialyse-Patienten, bei denen unter Hämodialyse-Behandlung eine nephrogene Anämie auftrat, untersuchten

Nikolaos et al. die Wirkung einer L-Carnitin-Supplementation. Zwar ist die Behandlung anämischer Zustände bei Dialyse-Patienten durch die Entdeckung des rekombinanten humanen Erythropoietin bei weitem optimiert worden, jedoch treten häufig Verformungen der Erythrozyten auf, welche die Mikrozirkulation verschlechtert und damit die Sauerstoffversorgung der Gewebe negativ beeinflusst. Nach einer dreimonatigen L-Carnitin Behandlung wiesen die Probanden einen signifikant höheren Hämatokrit und signifikant weniger Erythrozytendeformationen auf (35). Der Lipid-Plasmaspiegel und die Rolle von oxidativem Stress sind bei Dialyse-Patienten ebenfalls von Interesse, gerade hinsichtlich kardiovaskulärer Erkrankungen. In einer Studie mit zwölf Patienten, die regelmäßig dialysiert wurden, nahmen dreimal in der Woche über einen Zeitraum von sechs Monaten 15 mg/kg Körpergewicht L-Carnitin ein. Der Plasmaspiegel an freiem L-Carnitin erhöhte sich nach der Supplementierung, genauso wie die antioxidative Kapazität, der Hämatokrit und die Glutathionreduktase-Aktivität in den Erythrozyten. Der LDL- und Malondialdehyd-Spiegel nahm hingegen ab (36). An dieser Stelle sei darauf hingewiesen, dass eine Supplementation zwar den Plasmaspiegel normalisiert, aber sonst keine nutritiven Effekte auftreten, die zur Verbesserung einer Malnutrition bei Dialysepatienten beitragen (37) (was meint er hiermit? Ist das kein nutritiver Effekt?). Eine Untersuchung an 49 Dialysepatienten ergab unter Anderem eine positive Korrelation zwischen erniedrigtem L-Carnitin Gesamtspiegel im Serum und dem Schlagvolumen des Herzens und eine negative Korrelation zur Dehnung des linken Atriums (38), was nochmals die potentielle Rolle von L-Carnitin hinsichtlich der Entwicklung einer Herzinsuffizienz bei Dialyse-Patienten bestätigt.

Die Entstehung einer Herzinsuffizienz bei Dialyse-Patienten ist demnach eine kardiovaskuläre Erkrankung, die mit einem erniedrigten L-Carnitin-Spiegel im Zusammenhang stehen könnte (28,38). Des Weiteren ist ein möglicher positiver Einfluss von L-Carnitin auf die Lipidperoxidation, das Aufkommen oxidativen Stresses und die Mikrozirkulation in den Geweben in Erwägung zu ziehen (34,35,36). Dies ist vor allem hinsichtlich des protektiven Effekts auf das Gefäßsystem im Zusammenhang mit der Pathogenese der KHK von Bedeutung.

4. Schlussfolgerungen

Ein Zusammenhang zwischen kardiovaskulären Erkrankungen und L-Carnitin ist in zahlreichen Studien belegt worden. Auch ein Zusammenhang zwischen Diabetes mellitus und Niereninsuffizienz ist aufgrund veränderter Stoffwechselparameter des L-Carnitins bei diesen Erkrankungen von Interesse und bedarf im Falle des Diabetes mellitus weiterer Forschung. Aufgrund seiner Rolle im Intermediärstoffwechsel der Fettsäuren ist eine Steigerung der Myokardaktivität durch Optimierung des Fettsäureangebots bei partiellem Sauerstoffmangel denkbar (2). In welchem Ausmaß sich eine L-Carnitin-Supplementation zur begleitenden Therapie bei kardiovaskulären Erkrankungen anbietet, konnte in den herangezogenen Studien nicht gezeigt werden. Pauly et al. sprechen von einem positiven Effekt, der sich in einer geringeren Sterblichkeit und einer geringeren Prävalenz von Herzinsuffizienz äußert, bei Applikation von 1,5 bis 6 g pro Tag über einen Zeitraum von bis zu einem Jahr nach einem Myokardinfarkt (39). Als kurze Zeiträume sind nach Pauly et al. ein bis drei Monate zu betrachten. Die Anwendung als therapeutisches Instrument ist bislang bei primärem und sekundärem systemischen L-Carnitin-Mangel üblich sowie bei Sonderformen der Muskeldystrophie mit Lipidakkumulation. Die empfohlene therapeutische Tageshöchstdosis liegt laut Packungsbeilage einschlägiger Präparate (40) bei 5 g pro Tag, was auch in allen Studien berücksichtigt wurde. Zudem liegen pharmakokinetische Erkenntnisse vor, nach denen die renale Clearence bei exogener Zufuhr ansteigt, sobald ein der Plasmaspiegel von 40 bis 60 µmol/l überschritten wird (3). Daher ist es nötig bei den verschiedenen kardiovaskulären Erkrankungen zunächst abzuklären, ob ein systemischer Mangel besteht, um in Abhängigkeit davon therapeutisch wirksame, aber mengenmäßig abgestimmte Dosen abzuleiten. Dies gilt vor allem für Patienten mit eingeschränkter Nierenfunktion, bei denen hohe Dosen wegen der Erhöhung dialysepflichtiger Substanzen über längere Zeiträume nicht sinnvoll sind. Zusammenfassend stellt die Anwendung von L-Carnitin als Therapeutikum bei kardiovaskulären Erkrankungen einen interessanten Forschungsansatz dar. Vor dem Hintergrund der Relevanz, die Erkrankungen des Herzkreislaufsystems in den Industrienationen einnehmen, sollte diesem Forschungsfeld mehr Beachtung geschenkt werden.

Autoren:

Sven-David Müller (federführender Autor), M.Sc., staatlich anerkannter Diätassistent, Diabetesberater DDG, unter Mitarbeit von Johannes Wüller (Facharzt für Allgemeinmedizin) und **Malte Rubach** (Ernährungswissenschaftler), Wendenschloßstraße 439, 12557 Berlin, www.svendavidmueller.de

Literatur:

(1) **Gürtler AK, Löster H.** *Carnitin und seine Bedeutung bei der Pathogenese und Therapie von Herz- und Kreislauferkrankungen,* Bochum: Ponte Press 1996

(2) **Evangeliou A, Vlassopoulos D.** *Carnitine metabolism and deficit - when supplementation is necessary.* Curr. Pharm. Biotechnol. (2003) 4: 211-9

(3) **Evans AM, Fornasini G.** *Pharmakokinetics of L-Carnitine.* Clin. Pharmacokin. (2003) 42: 941-67

(4) **Löffler G, Petrides EP.** *Kapitel 16: Stoffwechsel der Lipide, in Biochemie und Pathobiochemie.* 6. Aufl., Berlin, Heidelberg, New York: Springer 1998

(5) **Rehner G, Daniel H.** *Biochemie der Ernährung.* 1. Aufl., Heidelberg, Berlin: Spektrum-Verlag 1999

(6) **Pschyrembel W.** *Klinisches Wörterbuch.* 257. Aufl., Berlin: de Gruyter Verlag 1998

(7) **Parsi RA, Parsi E.** *Kardiologie, Angiologie.* 1. Aufl., München, Jena: Urban & Fischer Verlag 2001

(8) **Carvajal K, Moreno-Sanchez R.** *Heart metabolic disturbances in cardiovascular diseases.* Arch. Med. Res. (2003) 34: 89-99

(9) **Goa KL, Brogden RN.** *L-Carnitine. A preliminary review of ist pharmacokinetics, and ist therapeutic ise in eschaemic cardiac disease and primary and secondary carnitine deficiencies in relationship to its role in fatty acid metabolism.* Drugs. (1987) 34: 1-24

(10) **Kamikawa T, Suzuki Y et al.** *Effects of L-Carnitine on exercise tolerance in patients with stable angina pectoris.* Jpn. Heart J. (1984) 25: 587-97

(11) **Bohles H, Noppeney T et al.** *The effect of preoperative L-Carnitine supplementation on myocardial metabolism during aortocoronary bypass surgery.* Z Kardiol. (1987) 76: 14-18

(12) **Lango R, Smolenski RT et al.** *Influence of L-Carnitine an its derivatives on myocardial metabolism and function in ischemic heart disease and during cardiopulmonary bypass.* Cardovas. Res. (2001) 51: 21-9

(13) **Guertl B, Noehammer C et al.** *Metabolic cardiomypathies.* Int. J. Exp. Pathol. (2000) 81: 349-72

(14) **Rutishauser W, Hess OM.** *Herz und Koronarkreislauf, in Klinische Pathophysiologie,* Herausg.: Siegenthaler W., 8. vollständig neu bearb. Aufl., Stuttgart, New York: Thieme Verlag 2001

(15) **Löster H.** *Carnitine and Cardiovascular Diseases.* 1. Aufl., Bochum: Ponte Press (2003)

(16) **Helton E, Darragh R et al.** *Metabolic aspects of myocardial disease and a role for L-Carnitine in the treatment of childhood cardiomyopathy.* Pediatrics. (2000) 105: 1260-70

(17) Rizos I. *Three-year survival of patients with heart failure caused by dilated cardiomyopathy and L-Carnitine administration.* Am. Heart J. (2000) 139: 120-3

(18) Cacciatore L, Cerio R et al. *The therapeutic effect of L-Carnitine in patients with exercise-induced stable angina: a controlled study.* Drugs Exp. Clin. Res. (1991) 17: 225-235

(19) Martina B, Zuber M et al. *Anti-arrhytmia treatment using L-Carnitine in acute myocardial infarct.* Schweiz. Med. Wochenschr. (1992): 1352-5

(20) Palazzuoli V, Mondillo S et al. *The evaluation of the antiarrhythmic activity of L-Carnitine and propafenone in ischemic cardiopahty.* Clin. Ter. (1993): 155-9

(21) Mondillo S, Fagila S et al. *Therapy of arrhythmia induced by myocardial ischemia. Association of L-Carnitine, propafenone and mexiletine.* Clin. Ter. (1995): 769-74

(22) Mancini M, Rengo F et al. *Controlled study on the therapeutic efficacy of propionyl-L-Carnitine in patients with congestive heart failure.* Arzneimittelforschung (1992) 42: 1101-4

(23) Pucciarelli G, Mastursi M et al. *The clinical and hemodynamic effects of propionyl-L-Carnitine in the treatment of congestive heart failures.* Clin. Ter. (1992) 141: 379-84

(24) Fernandez C, Proto C. *L-Carnitine in the treatment of chronic myocardial ischemia. An analysis of 3 multicenter studies and a bibliographic review.* Clin. Ter. (1992) 140: 353-77

(25) Löster H, Miehe K et al. *Prolonged oral L-Carnitine substitution increases bicycle ergometer performance in patients with severe, ischemically induced cardiac insufficiency.* Cardiovasc. Drugs Ther. (1999): 537-546

(26) Ferrari R, Cicchitelli G et al. *Metabolic modulation and optimization of energy consumption in heart failure.* Med. Clin. North. Am. (2003) 87: 493-507

(27) Mehnert H, Standl E, Usadel KH. *Diabetologie in Klinik und Praxis.* 4. Aufl., Stuttgart, New York: Thieme Verlag 2001

(28) Schreiber BD. *Congestive heart failure in patients with chronic kidney disease and on dialysis.* Am. J. Med. Sci. (2003): 179-93

(29) Coker M, Coker C et al. *Carnitine metabolism in diabetes mellitus.* J. Pediatr. Endocrinol. (2002) 15: 841-9

(30) Tamamogullari N, Silig Y et al. *Carnitine deficiency in diabetes mellitus complications.* J. Diabetes Complications (1999) 13: 251-3

(31) Derosa G, Cicero AF et al. *The effect of L-Carnitine on plasma Lipoprotein(a) levels in hypercholesterolemic patients with type 2 diabetes mellitus.* Clin. Ther. (2003) 25: 1429-39

(32) Giancaterini A, De Gaetano A et al. *Acetyl-L-Carnitine infusion increases glucose disposal in type 2 diabetic patients.* Metabolism. (2000): 704-8

(33) Moder M, Kiessling A et al. *The pattern of urinary acylcarnitines determined by electrospray mass spectrometry: a new tool in the diagnosis of diabetis mellitus.* Anal. Bioanal. Chem. (2003) 375: 200-10

(34) Miller B, Ahmad S. *A review of the impact of L-Carnitine therapy on patient functionality in maintenance hemodialysis.* Am. J. Kidney Dis. (2003) 41: 44-8

(35) Nikolaos S, George A et al. *Effects of L-Carnitine supplementation on red blood cells deformability in hemodialysis patients.* Ren. Fail. (2000) 22: 73-80

(36) Vesela E, Racek J et al. *Effect of L-Carnitine supplementation in hemodialysis patients.* Nephron. (2001) 88: 218-23

(37) Chazot C, Blanc C et al. *Nutritional effects of carnitine supplementation in hemodialysis patients.* Clin. Nephrol. (2003) 59: 24-30

(38) Steiber AL, Weatherspoon LJ et al. *Serum carnitine concentrations correlated to clinical outcome parameters in chronic hemodialysis patients.* Clin. Nutr. (2004) 23: 27-34

(39) Pauly DF, Pepine CJ. *The role of carnitine in myocardial dysfunction.* Am. J. Kidney Dis. (2003) 41: 35-43

(40) Beipackzettel: L-Carn® Trinklösung. Wirkstoff: Levocarnitin. sigma-tau Arzneimittel GmbH, 40211 Düsseldorf

<u>*Internetquellen:*</u>

Rübenach C. *Statistisches Bundesamt: Todesursachen Deutschland 2002.* http://www.gbe-bund.de, 01.04.2004